FORSCHUNGSBERICHTE DES LANDES NORDRHEIN-WESTFALEN

Nr. 1220

Herausgegeben
im Auftrage des Ministerpräsidenten Dr. Franz Meyers
von Staatssekretär Professor Dr. h. c. Dr. E. h. Leo Brandt

DK 537.531:620.179.1

Dipl. phys. Walter Hermsen, Witten
Dr. phil. Friedrich Kuhn, Dortmund

Staatliches Materialprüfungsamt Nordrhein-Westfalen in Dortmund
Leiter: Prof. Dr.-Ing. habil. Wilhelm Bischof

Untersuchungen über die Verhinderung von Randüberstrahlungen in Röntgenbildern durch Vorfilterung der Röntgenstrahlen

Springer Fachmedien Wiesbaden GmbH

ISBN 978-3-663-19932-8 ISBN 978-3-663-20276-9 (eBook)
DOI 10.1007/978-3-663-20276-9
Verlags-Nr. 011220

Ursprünglich erschienen bei Westdeutscher Verlag Köln und Opladen 1963.
Gesamtherstellung: Westdeutscher Verlag

Inhalt

A. Einführung

Die Prüfung von Werkstücken auf Risse, Lunker, Bindefehler u. ä. mit Röntgenstrahlen (»Grobstrukturuntersuchung«) wird oft durch sogenannte »Überstrahlung« erschwert, wenn nicht unmöglich gemacht. Diese Schwierigkeit tritt bei Aufnahmen an Werkstücken auf, die entweder große Dickenunterschiede in der Durchstrahlungsrichtung aufweisen oder eine Berandung von so komplizierter Form besitzen, daß ein lückenloses Abdecken des unter dem Werkstück hervorragenden Films gegen die ungeschwächte Strahlung nicht ohne weiteres möglich ist. Hervorgerufen wird die Überstrahlung durch den niederenergetischen Anteil der Strahlung, der an nicht abgedeckten Stellen den Film trifft, während er innerhalb des Werkstückes bzw. der Abdeckung meist völlig absorbiert wird. Die hierdurch an den ungeschützten Filmstellen hervorgerufene Schwärzung ist wegen der erhöhten Filmempfindlichkeit gegenüber weicher Strahlung besonders groß.

Ein möglicher, hier näher untersuchter Ausweg ist eine Vorfilterung der Strahlung zur Unterdrückung des niederenergetischen Anteils der Strahlung. Dazu ist es notwendig, Filtermaterial und Filterdicke geeignet zu wählen und den übrigen Parametern (Werkstückart und Dicke, Anregungsspannung der Röntgenröhre, ihrer Schaltungsart, der verlangten Drahterkennbarkeit usw.) anzupassen. Leider stehen für Röntgenstrahlen keine ausreichend selektiven Filter zur Verfügung, so daß durch Wahl eines passenden Filtermaterials und der Dicke des Filters eine ausreichende Schwächung des weichen Teils der Strahlung angestrebt werden muß.

B. Hauptteil

1. Strahlenquelle und Meßgeräte

a) Röntgengerät

Die folgenden Untersuchungen wurden mit einer Eintankanlage der Firma R. Seifert & Co., Hamburg, Typ Eresco 260, durchgeführt. Die Wahl fiel auf eine derartige Anlage, weil Eintankgeräte heute für Grobstrukturuntersuchungen am häufigsten benutzt werden, und bei ihnen mit einem relativ hohen Anteil an weicher Strahlung zu rechnen ist.

b) Spektrometer

Um eindeutige Angaben über die gefilterte oder ungefilterte Strahlung zu erhalten, wurde diese mit einem γ-Spektrometer der Firma Friesecke & Hoepfner, Erlangen-Bruck, untersucht. Das Röhrenschutzgehäuse der Röntgenanlage befand sich hierbei in einem zusätzlichen Bleikasten, der als Austrittsfenster für die Strahlung eine Lochblende von 1 cm Durchmesser besaß. Vor dieser Lochblende wurde ein Scintillationszähler aufgestellt, wobei durch zusätzliche Bleischirme dafür gesorgt wurde, daß der Bedienungsplatz für das angeschlossene γ-Spektrometer im gleichen Raum aufgestellt werden konnte. Der Scintillationszähler – FH 421 – bestand aus einem thalliumaktivierten Natriumjodidkristall von 1,5″ (= 38,1 mm) Durchmesser und 1″ (= 25,4 mm) Dicke mit nachgeschaltetem Sekundärelektronen-Vervielfacher – Du Mont 6292 – und Kathodenfolgerstufe. Die Dicke

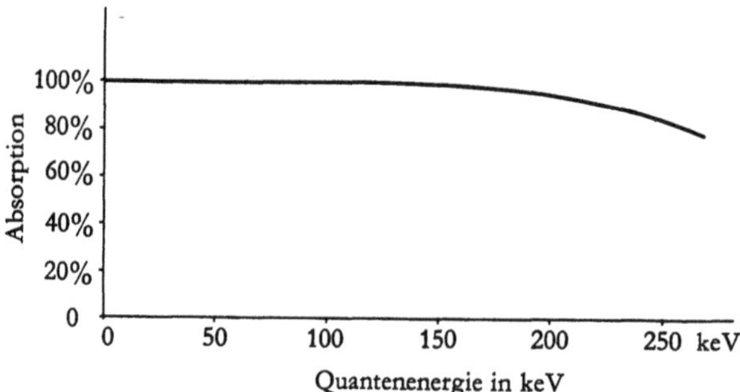

Abb. 1 Absorption des verwendeten Scintillationskristalls in Abhängigkeit von der Quantenenergie

des Kristalles von 1'' (= 25,4 mm) in Strahlrichtung reicht aus, um innerhalb des vorliegenden Quantenenergiebereiches von 0 bis 260 keV eine ausreichende Absorption zu sichern. Die Abb. 1 zeigt die Absorption des Kristalls in Abhängigkeit von der Quantenenergie nach Literaturangaben. Das Absinken der Absorption bei 260 keV ist für den vorliegenden Zweck erträglich.

An die Kathodenfolgerstufe ist über einen regelbaren Linearverstärker und einen Impulsformer ein Einkanaldiskriminator – Impulshöhenanalysator FH 58 – angeschlossen. Die Kanalbreite kann von Hand, die Kanallage von Hand oder kontinuierlich durch einen Synchronmotor verändert werden. Die am Ausgang des Einkanaldiskriminators auftretenden Impulse werden einem Zählwerk – Strahlungsmeßgerät FH 49 –, einem Ratemeter oder einem schreibenden Meßgerät zugeführt.

Da im Primärstrahl einer Röntgenröhre eine relativ hohe Dosisleistung vorliegt, ist damit zu rechnen, daß das Auflösungsvermögen des γ-Spektrometers überfordert wird. Bei zu hohen Impulszahlen je Zeiteinheit werden sich verschiedene Fehler bemerkbar machen, je nachdem, welche Stelle der Apparatur das Auflösungsvermögen bestimmt. Ein zu hohes Impulsangebot je Zeiteinheit, das sich hinter dem Diskriminator auswirkt, hat einen Zählausfall von $n - 1$ Impulsen bei n sich innerhalb der Auflösungszeit überlagernden Impulsen zur Folge, während ein Überschreiten der Maximalzahl im Eingangsteil zu Impulsaufstokkungen und damit zu Impulsen mit Amplituden führt, denen im Strahlenspektrum keine reellen Energien entsprechen, während die Teilimpulse nicht mehr gezählt werden. Nähere Untersuchungen zeigten, daß die höchstzulässige Quantenzahl, die den Zählkristall treffen darf, nicht höher als 10^5 Impulse/min sein darf. Diese Grenze wird durch das Auflösungsvermögen der Schaltung vor dem Diskriminatorteil bestimmt, da sich oberhalb der genannten Impulszahl/min Aufstockungen im Spektrum bemerkbar machen.

Diese recht niedrige maximal zulässige Impulszahl ergibt sich daraus, daß Halbwellengeräte keine kontinuierliche Emission aufweisen. Die Abb. 2 zeigt die Registrierung des zeitlichen Verlaufs der Strahlung des verwendeten Röntgengerätes, aufgenommen vom Leuchtschirm eines Elektronenstrahloszillographen (Tektronix 351 A), der an dem Ausgang des Linearverstärkers angeschlossen war. Danach ist das Verhältnis von Emissionsdauer zur Dauer einer Periode etwa 1:5, d. h., der Zähler wird zeitweise mit etwa dem Fünffachen der angezeigten, gemittelten Impulszahl je Zeiteinheit belastet.

Die Herabsetzung der auf den Zähler fallenden Quantenzahl je Zeiteinheit ist auf drei verschiedenen Wegen möglich, ohne daß dabei das Spektrum in unzulässiger Weise geändert wird:

1. Herabsetzung des Heizstromes der Röntgenröhre
2. Verwendung eines Kollimators mit enger Öffnung vor dem Kristall
3. Großer Abstand zwischen Strahlenquelle und Zähler

Diese drei Möglichkeiten sind jedoch nur in Grenzen anwendbar. Die Herabsetzung des Heizstromes der Röntgenröhre kann nicht weit getrieben werden.

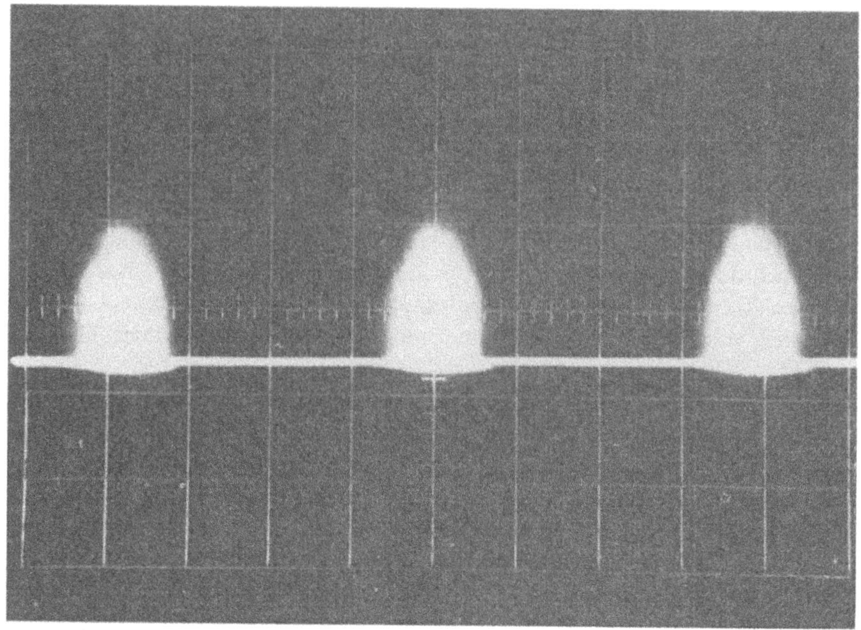

Abb. 2 Zeitlicher Verlauf der Strahlung des verwendeten Röntgengerätes

Es steigt hierbei der Innenwiderstand der Röntgenröhre, die Belastung des Hochspannungstransformators nimmt ab, was zu einem Anstieg der Hochspannung führt, der von dem im Primärstromkreis liegenden Meßinstrument nicht richtig angezeigt wird. Es wurde daher ein möglichst großer Abstand vom Röntgengerät (2,50 m) gewählt, wobei ein Kompromiß wegen der Luftabsorption der weichen Strahlenanteile zu schließen war. Weiterhin wurde ein Kollimator verwendet, der in einem Bleiblock von 5 cm Dicke eine Bohrung von nur 0,25 mm Durchmesser aufwies. Der Zähler war im übrigen nach allen Seiten mit einem Schutzmantel aus Blei gegen Streustrahlung abgedeckt und konnte der Höhe nach sowie horizontal und vertikal auf die Strahlenquelle ausgerichtet werden.

Leider erwiesen sich diese Maßnahmen bei Spannungen über 160 kV und Aufnahme der ungefilterten Strahlung als nicht ausreichend, so daß in diesem Bereich eine direkte Bestimmung nicht möglich war, und die Spektren der ungefilterten Strahlung unter Berücksichtigung der Absorptionskurven aus Spektren gefilterter Strahlung ermittelt werden mußten.
Eine weitere Schwierigkeit lag in der Inkonstanz der Verstärkung des Elektronenvervielfachers. Hierdurch änderte sich die Beziehung zwischen der am Diskriminator eingestellten Kanallage und der Quantenenergie. Es erwies sich als notwendig, in halbstündigem Abstand Kontrollmessungen mit Emissionslinien radioaktiver γ-Strahler durchzuführen, um eine Vergleichbarkeit der mit und ohne Filter verschiedener Art zu messenden Spektren zu gewährleisten.

c) Eichung des Spektrometers

Als Eichpräparate standen Ta 182 und Radium zur Verfügung. Ta 182 besitzt zwar leicht identifizierbare Linien, jedoch mit Quantenenergien, die oberhalb des interessierenden Energiebereiches liegen. Mit Hilfe dieses Präparates war es jedoch möglich, die Hauptlinien eines Ra-Präparates von 0,06 mC zu entziffern, dessen Spektrum auch in dem interessierenden Energiebereich noch charakteristische Linien aufweist (Abb. 3). Dieses Präparat wurde für die Kontrolle der Kanallage benutzt, wozu keine Dejustierung des Scintillationszählers notwendig war.

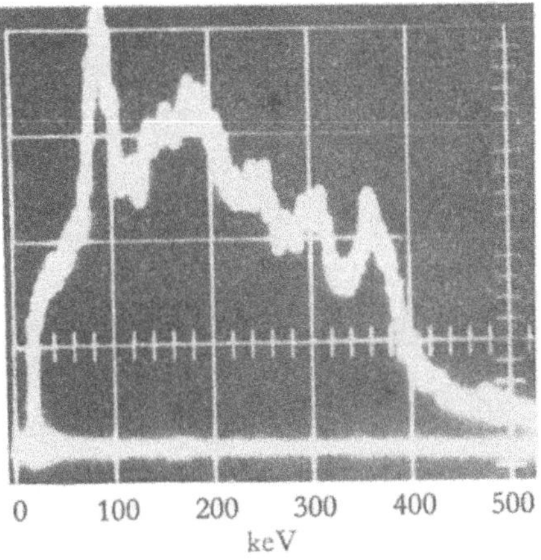

Abb. 3 Teil des Gammaspektrums eines Radiumpräparates, aufgenommen vom Leuchtschirm eines Kathodenstrahloszillographen

2. Messungen

a) Spektrale Empfindlichkeit der Filme

Die Überstrahlung eines Röntgenfilmes hängt nicht nur vom Energiespektrum der den Film treffenden Strahlung und ihrer örtlichen Verteilung, sondern auch von der spektralen Empfindlichkeit des verwendeten Filmmaterials ab, zu deren Bestimmung möglichst monochromatische Strahlung verschiedener Quantenenergien zur Verfügung stehen sollte. Durch Beschneidung des langwelligen Teils von Bremsspektren verschiedener Maximalenergie mittels Filter ließen sich Energiebereiche von etwa 70 keV Breite erzielen, die eine für den vorliegenden Zweck ausreichende Ermittlung der spektralen Empfindlichkeit zuließen. Die Abb. 4 zeigt einen solchen mit dem Spektrometer aufgenommenen Energiebereich mit einem Maximum bei 120 keV.

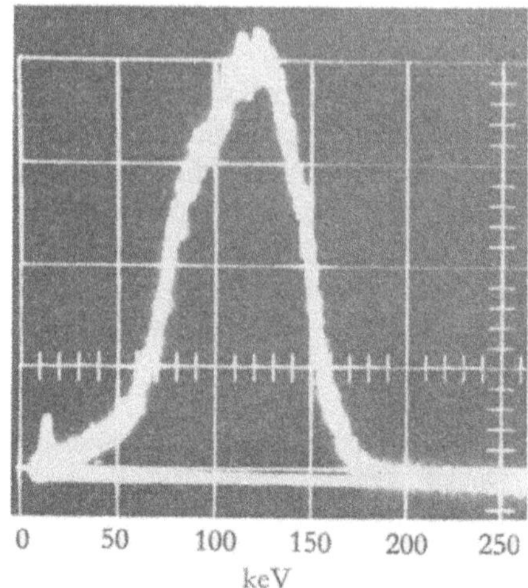

Abb. 4 Energiebereich einer gefilterten Strahlung

In Tab. 1 sind andere Energiebereiche mit den Daten ihrer Erzeugung aufgeführt. In dieser Tabelle sind nicht die Energien der Maxima, sondern Mittelwerte E_M der Energiebereiche aufgegeben, die sich aus der Bedingung

$$\int_{-\infty}^{E_M} n(E)\,dE = \int_{E_M}^{+\infty} n(E)\,dE$$

ergeben und aus den Aufnahmen der Spektren durch Planimetrieren gewonnen wurden. Diese »Schwerpunktenergien« wurden als Kennzeichen für die Bereiche gewählt, um deren Unsymmetrie zu berücksichtigen.

Tab. 1

Am Röntgengerät eingestellte Spannung (in kV)	Stromstärke (in mA)	Filter Material	Filter Dicke (in mm)	E_M (in keV)
60	1,4	–	–	45
120	4,0	Sn	0,5	82
130	4,0	Sn	0,5	88
150	4,0	Sn	0,5	94
160	4,0	Sn	1,0	107
180	2,7	Sn	1,0	122
200	2,8	Sn	1,0	138
220	4,0	Pb	1,5	155
250	4,0	Pb	1,5	170

Nach den Angaben der Tab. 1 wurden Filmbelichtungen mit unterschiedlichen Expositionszeiten vorgenommen. Als Filmmaterial diente stets Mikrotest 2 (Adox), entwickelt mit 150 D von Gevaert, Entwicklungszeit 6 min. Die Entwicklertemperatur wurde mit einem Thermostaten konstant auf 18°C gehalten. Die Filme wurden anschließend photometriert. Die Abb. 5 gibt den auf diese Weise erhaltenen Zusammenhang zwischen der Schwerpunktenergie E_M und der innerhalb der Expositionszeit durch den Kollimator gehenden Teilchenzahl n

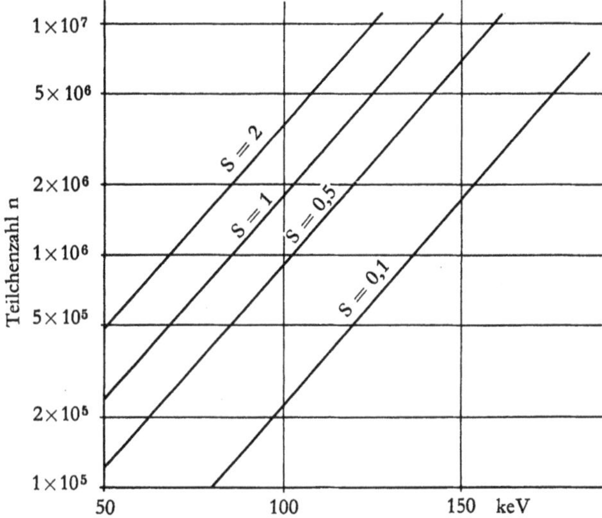

Abb. 5 Zusammenhang zwischen Schwerpunktenergie E_M, Teilchenzahl n und Schwärzung

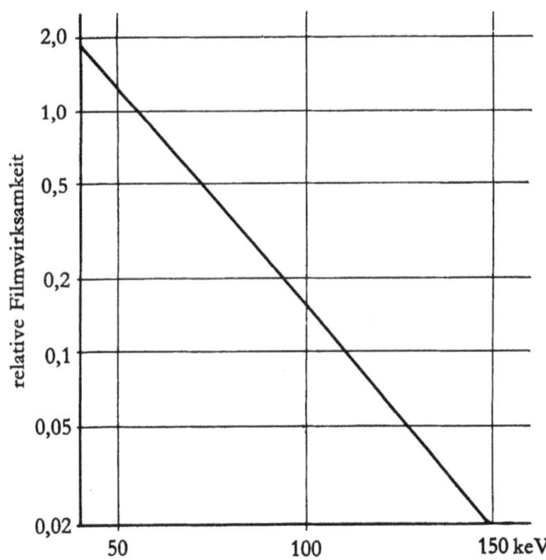

Abb. 6 Relative Filmwirksamkeit in Abhängigkeit von der Quantenenergie

wieder, mit der Schwärzung als Parameter. Der Grundschleier ist hierbei abgezogen.

Je mehr Teilchen benötigt werden, um die gleiche Schwärzung zu erreichen, um so geringer ist die »Filmwirksamkeit« dieser Quanten.

In Abb. 6 sind die relativen Filmwirksamkeiten eingetragen, wobei der Filmwirksamkeit einer Strahlung mit $E_M = 55$ keV der Wert »1« zugeordnet wurde.

Die Filmwirksamkeit ist praktisch unabhängig von der Schwärzung und ihr Logarithmus umgekehrt proportional der Quantenenergie.

b) Energiespektren

Befinden sich in dem Strahlengang der Röntgenröhre Prüfobjekte und/oder Filter, so wird die spektrale Verteilung der Strahlung geändert. Hierüber liegen zwar bereits zahlreiche Untersuchungen vor, doch schwanken die angegebenen Werte erheblich. Dies rührt vor allem davon her, daß die Art der Anbringung der Filter im Strahlengang von Einfluß ist. Es wurden daher zur Bestimmung der Absorption Anordnungen gewählt, wie sie der Praxis der Grobstrukturuntersuchungen entsprechen: Die zu untersuchenden Filter wurden am Strahlenaustrittsfenster des Röhrenschutzgehäuses angebracht.

Es wurden Spektren der ungefilterten und der gefilterten Strahlung bei gleicher Einstellung des Röntgengerätes aufgenommen und dann das Verhältnis der Impulszahlen bei den einzelnen Quantenenergien mit und ohne Filter ausgewertet. Die Abb. 7 zeigt die an Stahl zwischen 10 und 40 mm Dicke erhaltenen Werte. Es sind die für den am häufigsten als Prüfmaterial in Frage kommenden Stoff gültigen Werte.

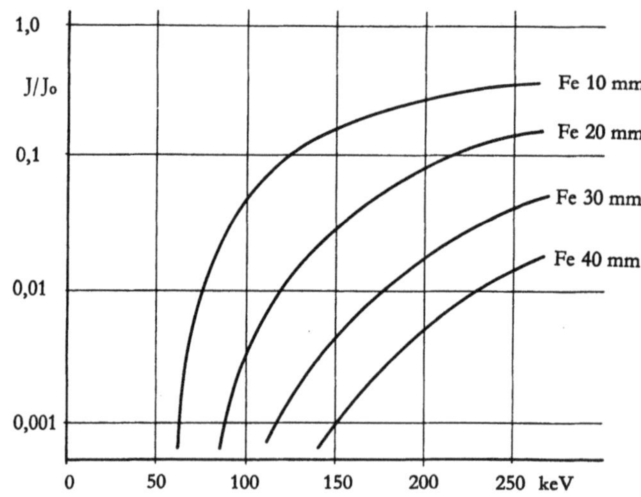

Abb. 7 Absorptionskurven von Stahl

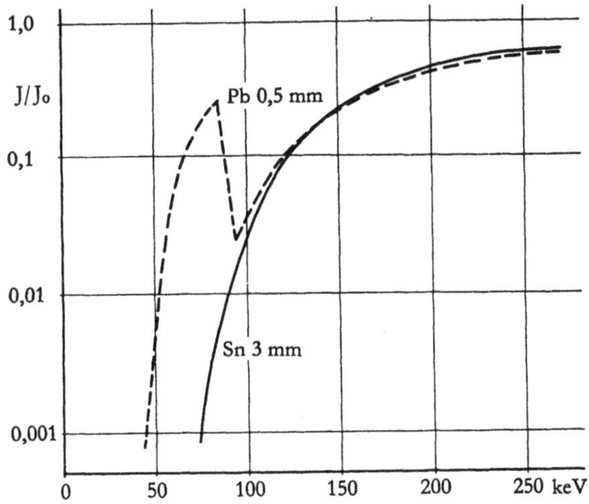

Abb. 8 Absorptionskurven für Blei und Zinn

Die Abb. 8 zeigt Werte für Zinn und Blei, Materialien, die sich für Filterzwecke als geeignet erwiesen haben.

Die Schwärzung eines Filmes setzt sich zusammen aus den Einzelschwärzungen der das Spektrum der Strahlung zusammensetzenden Energien. Diese Einzelschwärzungen sind jeweils das Produkt aus der Filmwirksamkeit der Quantenenergie und der dazugehörigen Zahl der Quanten, die den Film an der betreffenden Stelle trafen.

In Abb. 9 ist als Kurve A die mit dem Spektrometer gemessene spektrale Verteilung der Quantenenergie für 160 kV Scheitelspannung ohne Filter dargestellt.

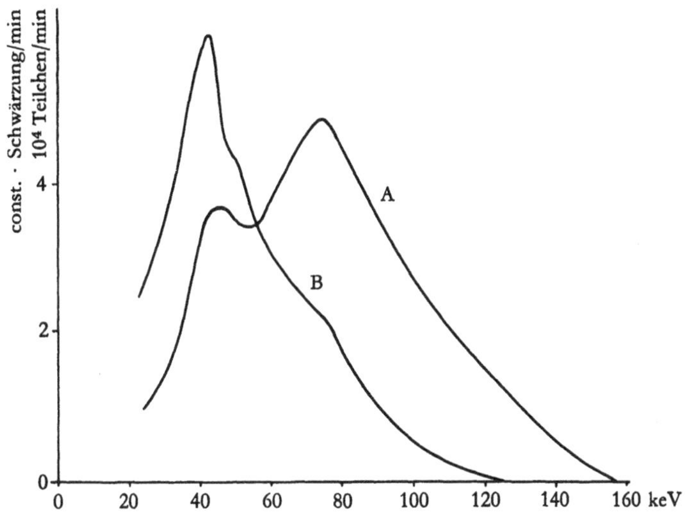

Abb. 9 Reduktion des Spektrums auf Filmwirksamkeit

Multipliziert man die Ordinaten dieser Kurve mit den energiemäßig entsprechenden Werten der Abb. 6, erhält man als Kurve B in Abb. 9 ein die unterschiedliche Filmwirksamkeit berücksichtigendes Spektrum der ungefilterten Strahlung, die neben dem Prüfobjekt den Film trifft. Befindet sich ein Prüfobjekt im Strahlengang, so läßt sich aus dem ursprünglichen Spektrum der Strahlung das Spektrum der durch das Prüfobjekt hindurchgegangenen Strahlung mit Hilfe der Absorptionskurven der Abb. 7 bestimmen und hieraus wieder das auf die Filmwirksamkeit reduzierte Spektrum unter Zuhilfenahme von Abb. 6 gewinnen, wie es in Abb. 10 für 10 mm Stahl und 160 kV Scheitelspannung durchgeführt wurde.

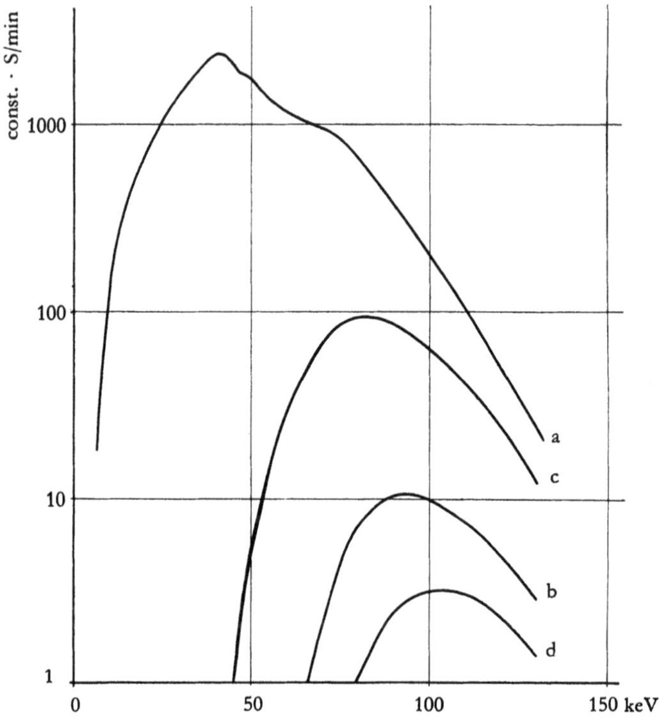

Abb. 10 Ermittlung der Überbelichtung bei 1 mm Zinnfilter und 10 mm Stahl

a) Spektrum 160 kV/5 mA

b) Ungefiltertes Nutzspektrum

c) Spektrum nach Filterung

d) Gefiltertes Nutzspektrum

Die Spektren sind auf Filmwirksamkeit reduziert

c) Überbelichtung

Durch Umzeichnen in linearen Maßstab und Ausplanimetrieren ergibt sich aus den Kurven der Abb. 10, daß bei 160 kV und 10 mm Stahl ohne Verwendung von Filtern eine etwa 230fache Überbelichtung des vom Prüfobjekt nicht abgedeckten Teils des Films auftritt. Um diese hohe Überbelichtung und die dadurch bedingte Überstrahlung zu vermeiden, muß ein Filter gewählt werden, das wenig von der Nutzenergie, aber den Teil der niederenergetischen Strahlung absorbiert, der durch das Werkstück so stark geschwächt wird, daß er für die nutzbringende Filmschwärzung belanglos wird. Wählt man hierzu ein Filtermaterial mit niedriger Ordnungsnummer, so wird je nach Dicke des Filters entweder weniger niederenergetische Strahlung oder mehr Nutzstrahlung unterdrückt, als das bei Elementen mit mittlerer bis hoher Ordnungsnummer der Fall ist. Wählt man Material mit hoher Ordnungszahl, so stört der Sprung im Absorptionsverhalten, der dann u. U. innerhalb des benötigten Spektralbereiches liegt.

d) Filter

Bei mittlerer bis großer Werkstoffdicke und damit auch höheren Röhrenspannungen tritt eine starke Schwächung der Nutzenergie durch die oberhalb der Absorptionskante des Filters nur langsam wieder ansteigende Durchlässigkeit ein, während die niederenergetischen, nicht genutzten Spektralbereiche infolge der höheren Durchlässigkeit unterhalb der Absorptionskanten des Filters zu wenig geschwächt werden.

Es sind daher außer für geringe Werkstoffdicken und damit bei relativ niedrigen Röhrenspannungen, für die auch Blei als Filtermaterial verwendbar ist, Elemente mit mittleren Ordnungszahlen für Filterzwecke vorzuziehen. So erwies sich Zinn für normale Zwecke als besonders geeignet.

Zur Bestimmung der Filterdicken subtrahiert man die logarithmisch aufgetragenen Absorptionskurven für verschiedene Zinnfolien von den auf gleiche Filmwirksamkeiten reduzierten ungefilterten und ebenfalls logarithmisch aufgetragenen Spektren verschiedener Röhrenspannungen – wie in Abb. 10 für 1 mm – und sodann von den erhaltenen Kurven die Absorptionskurven für verschiedene Werkstoffdicken – wie in Abb. 10 für 10 mm Fe. An Hand dieser Diagramme findet man die zueinander passenden Werte, wenn man davon ausgeht, daß die Überbelichtung des unbedeckten Films etwa das 20–50fache betragen darf. Diese Werte wurden experimentell ermittelt.

Wie aus Abb. 10 zu entnehmen ist, setzt ein Sn-Filter von 1 mm Dicke die oben genannte Überbelichtung von 230fach auf 33fach herab, so daß ein ausreichend niedriger Wert erreicht wird.

In Abb. 11 sind die analogen Kurven für 5 mm Fe und 160 kV dargestellt. Die Überbelichtung des unbedeckten Filmteils ist hier bereits wegen der geringen Dicke des zu durchstrahlenden Materials von vornherein gering, nämlich 36fach, und wird durch ein 0,5 mm dickes Bleifilter auf 12,4fach herabgedrückt.

Vergleichsaufnahmen bestätigten diese Überlegungen.

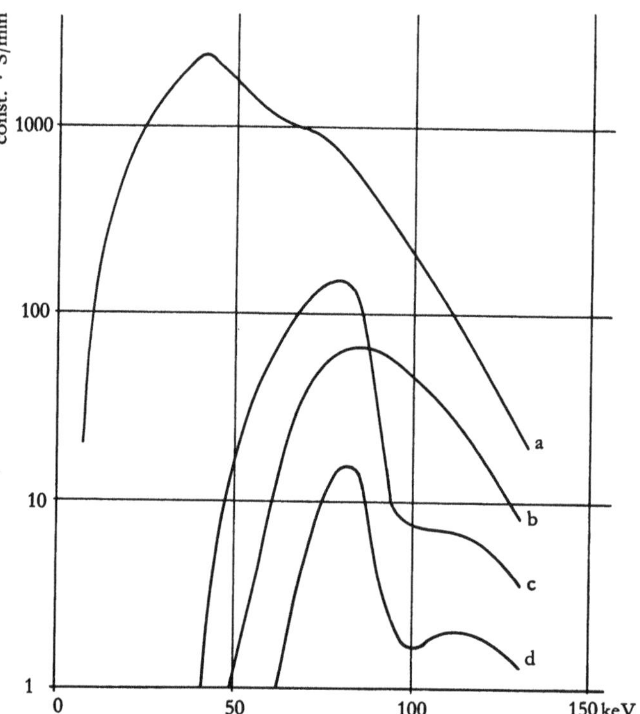

Abb. 11 Ermittlung der Überbelichtung bei 0,5 mm Bleifilter und 5 mm Stahl
a) Spektrum 160 kV/5 mA
b) Ungefiltertes Nutzspektrum (5 mm Fe)
c) Spektrum nach Filterung (0,5 mm Pb)
d) Gefiltertes Nutzspektrum (0,5 mm Pb + 5 mm Fe)
Die Spektren sind auf Filmwirksamkeit reduziert

Die Abb. 12 zeigt derartige Aufnahmen an Stufenkeilen. Als Anhalt für die Praxis sei in Tab. 2 eine Zusammenstellung einiger Daten gegeben, die zu Aufnahmen ohne störende Randüberstrahlung führten.

Tab. 2

Prüfobjektdicke (in mm Fe)	Scheitelspannung (in kV)	Röhrenstrom (in mA)	Filterdicke (in mm) und Material	Belichtungszeit (in min)	Drahterkennbarkeit nach DIN 54110 (in %)
5	140	5	0,5 Pb	12	2
10	160	5	1 Sn	15	2
20	260	5	3 Sn	1	1,5
30	260	5	3 Sn	4	1,3
40	260	5	3 Sn	20	1,3

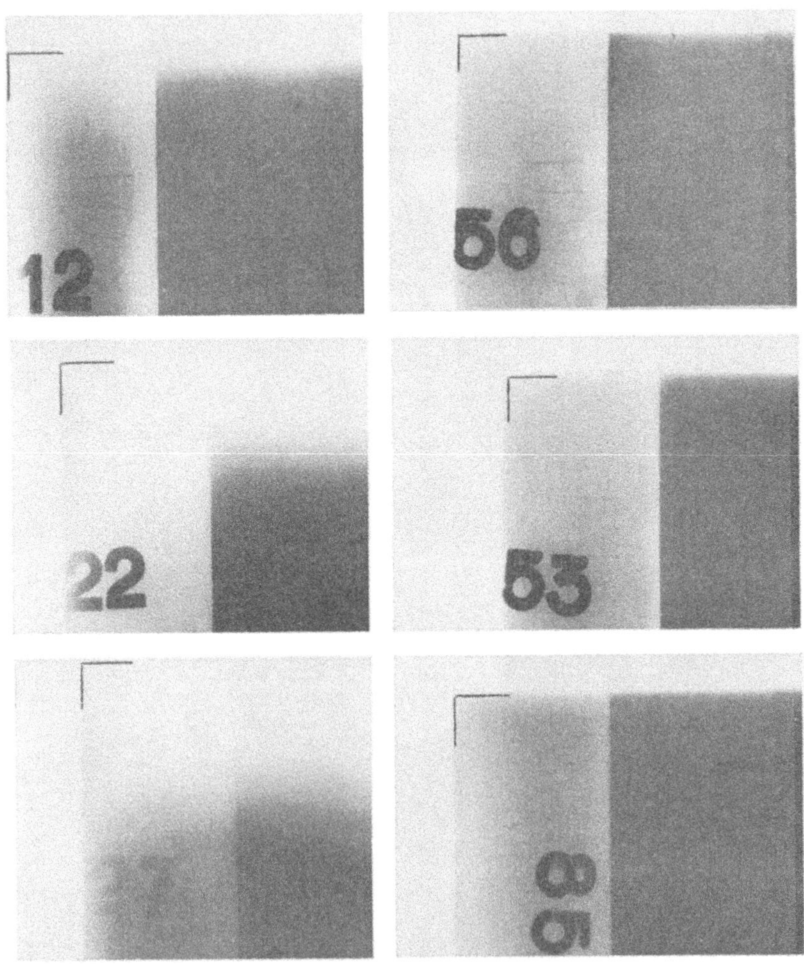

Abb. 12 Aufnahmen verschiedener Stufen einer Stahltreppe mit und ohne Filterung

Film	Belichtungsdaten			Filter Art und Dicke	Stahlstufe Dicke
[Nr.]	[kV_s]	[mA]	[min]	(in mm)	(in mm)
12	120	4	4	ohne	5
56	140	5	12	Pb 0,5	5
22	140	5	10	ohne	10
53	160	5	15	Sn 1	10
27	140	5	16	ohne	20
85	260	5	6	Sn 3	30

Die angegebene Dicke der Stahlstufe bezieht sich auf die Stufe, auf der die Bleizahl liegt. Auf dieser Stufe liegt gleichzeitig ein Stück eines Drahtsteges. Am oberen Rand der Aufnahmen war der Film nicht abgedeckt. Die wahren Kanten der Stahlstufe sind durch die eingezeichneten Winkel angedeutet.

Abb. 13 Lüfterrad, aufgenommen ohne Filter
100 kV, 4 mA
Belichtungszeit: 30 sec

Abb. 14 Lüfterrad, aufgenommen mit 1-mm-Zinnfilter
150 kV, 4 mA
Belichtungszeit: 4 min

Bei den Belichtungen war der Film mit 5 mm Blei hinterlegt, um die Rückstrahlung herabzusetzen. Die Abb. 13 und 14 zeigen Aufnahmen mit ungefilteter und gefilteter Strahlung eines Lüfterrades.
Wie die letzte Spalte der Tab. 2 zeigt, ist die Drahterkennbarkeit bei den Aufnahmen mit gefilteter Strahlung geringer als bei üblichen Aufnahmen mit ungefilteter Strahlung. Sofern eine seitliche Abdeckung des Prüfobjektes zur Verhinderung der Überstrahlung angebracht werden kann, sollte man daher von einer Filterung der Strahlung absehen.

C. Zusammenfassung

Um zahlenmäßige Angaben über den Einfluß der Vorfilterung auf die Randüberstrahlung bei Röntgenaufnahmen zu erhalten, wurden die Energiespektren der verwendeten Röntgenstrahlung und die Absorptionswerte der verwendeten Filter und Prüfobjekte bestimmt und hieraus die Überstrahlung im Bild des Prüfobjektes ermittelt. Anhaltspunkte für in der Praxis geeignete Filter bei verschiedenen Dicken der Prüfobjekte werden gegeben.

Dipl.-Phys. Walter Hermsen

Dr. phil. Friedrich Kuhn

D. Literaturverzeichnis

BERTHOLD, R., Verbesserung der Aufnahmen mit Röntgen- und Gammastrahlen durch Schwermetallfilter. Archiv für das Eisenhüttenwesen, Jg. 6 (1934), S. 21.

JAEGER, R., und W. KOLB, Scintillationsspektrometrie weicher Röntgenstrahlung. Strahlenforschung und Strahlenbehandlung, Vorträge zur 37. Tagung der Deutschen Röntgengesellschaft 1955, S. 285.

KOLB, W., Über den Einfluß der Absorptionskante auf die Bleigleichwertbestimmung von Strahlenschutzstoffen. Ebenda, S. 290.

Ders., Ein Sichtgerät für Röntgenspektren. Fortschritte auf dem Gebiet der Röntgenstrahlen und der Nuklearmedizin, Bd. 84 (1956).

Ders., Das Scintillationsspektrometer, ein praktisches Meßgerät der Radiologie. Röntgen-Blätter, 8. Jg. (1956), S. 241.

FORSCHUNGSBERICHTE DES LANDES NORDRHEIN-WESTFALEN

Herausgegeben im Auftrage des Ministerpräsidenten Dr. Franz Meyers von Staatssekretär Prof. Dr. h. c. Dr.-Ing. E. h. Leo Brandt

PHYSIK

HEFT 10
Prof. Dr. W. Vogel, Köln
„Das Streifenpaar" als neues System zur mechanischen Vergrößerung kleiner Verschiebungen und seine technischen Anwendungsmöglichkeiten
1953, 20 Seiten, 6 Abb., DM 4,50

HEFT 62
Prof. Dr. W. Franz, Institut für theoretische Physik der Universität Münster
Berechnung des elektrischen Durchschlags durch feste und flüssige Isolatoren
1954, 36 Seiten, DM 7,—

HEFT 103
Prof. Dr. W. Weizel, Bonn
Durchführung von experimentellen Untersuchungen über den zeitlichen Ablauf von Funken in komprimierten Edelgasen sowie zu deren mathematischen Berechnung
1955, 32 Seiten, 12 Abb., DM 9,10

HEFT 104
Prof. Dr. W. Weizel, Bonn
Über den Einfluß der Elektroden auf die Eigenschaften von Cadmium-Sulfid-Widerstands-Photozellen
1955, 48 Seiten, 12 Abb., DM 9,45

HEFT 107
Prof. Dr. H. Lange und Dipl.-Phys. P. St. Pütter, Köln
Über die Konstruktion von Laboratoriumsmagneten
1955, 66 Seiten, 19 Abb., 1 Tabelle, DM 12,30

HEFT 122
Prof. Dr. W. Fucks †, Aachen
Untersuchungen zur Verbesserung der Wasseraufbereitung und Wasseranalyse:
Über die Schnellbewertung von Ionenaustauschern
1955, 48 Seiten, 32 Abb., DM 12,30

HEFT 125
Prof. Dr. E. Kappler, Münster
Eine neue Methode zur Bestimmung von Kondensations-Koeffizienten von Wasser
1955, 46 Seiten, 11 Abb., 1 Tabelle, DM 9,10

HEFT 141
Dr. J. van Calker und Dr. R. Wienecke, Münster
Untersuchungen über den Einfluß dritter Analysenpartner auf die spektrochemische Analyse
1955, 42 Seiten, 15 Abb., DM 9,10

HEFT 145
Dr. G. Hennemann, Werdohl (Westf.)
Beitrag zur Interpretation der modernen Atomphysik
1955, 34 Seiten, DM 10,—

HEFT 148
Prof. Dr. H. Bittel und Dipl.-Phys. L. Strom, Münster
Untersuchungen über Widerstandsrauschen
1955, 40 Seiten, 5 Abb., DM 8,40

HEFT 157
Dr. W. Jawtusch, Dr. G. Schuster und Prof. Dr.-Ing. R. Jaeckel, Bonn
Untersuchungen über die Stoßvorgänge zwischen neutralen Atomen und Molekülen
1955, 48 Seiten, 15 Abb., 3 Tabellen, DM 10,50

HEFT 169
Forschungsinstitut für Pigmente und Lacke, Stuttgart
Arbeiten über die Bestimmung des Gebrauchswertes von Lackfilmen durch physikalische Prüfungen
1955, 70 Seiten, 23 Abb., 4 Tabellen, DM 15,—

HEFT 174
Prof. Dr. phil. C. v. Fragstein, Dr. J. Meingast und H. Hoch, Köln
Herstellung von Solen einheitlicher Teilchengröße und Ermittlung ihrer optischen Eigenschaften
1955, 78 Seiten, 80 Abb., 4 Tabellen, DM 18,25

HEFT 178
Prof. Dr. M. v. Stackelberg und Dr. W. Hans, Bonn
Untersuchungen zur Ausarbeitung und Verbesserung von polarographischen Analysenmethoden
1955, 46 Seiten, 14 Abb., DM 10,50

HEFT 187
Dipl.-Ing. F. Göttgens, Essen
Über die Eigenarten der Bimetall-, Thermo- und Flammenionisationssicherungsmethode in ihrer Anwendung auf Zündsicherungen
1955, 40 Seiten, 6 Abb., 4 Tabellen, DM 8,40

HEFT 189
Fa. E. Leybold's Nachfolger, Köln
I. Ausgewählte Kapitel aus der Vakuumtechnik
II. Zum Verlust anorganisch-nichtflüchtiger Substanzen während der Gefriertrocknung
1955, 52 Seiten, 16 Abb., 3 Tabellen, DM 11,20

HEFT 194
Dr. K. Hecht, Köln
Entwicklung neuartiger physikalischer Unterrichtsgeräte
1955, 42 Seiten, 16 Abb., DM 9,90

HEFT 209
Dr. K. Bunge, Leverkusen
Materialabbau in Funkenentladungen. Untersuchungen an Zinkkathoden
1956, 54 Seiten, 10 Abb., 5 Tabellen, DM 11,40

HEFT 210
Dr. W. Porschen und Prof. Dr. W. Riezler, Bonn
Langlebige Alphaaktivitäten bei natürlichen Elementen
1955, 40 Seiten, 5 Abb., 4 Tabellen, DM 8,80

HEFT 233
Dr. H. Haase, Hamburg
Infrarot-Bibliographie
1956, 90 Seiten, DM 17,80

HEFT 251
Prof. Dr. H. Bittel, Münster
Zur Statistik der ferromagnetischen Elementarvorgänge und ihren Einfluß auf das Barkhausenrauschen
1956, 52 Seiten, 14 Abb., DM 11,65

HEFT 259
Prof. Dr. W. Linke, Aachen
Strömungsvorgänge in künstlich belüfteten Räumen
1956, 52 Seiten, 37 Abb., 1 Tabelle, DM 11,80

HEFT 264
Prof. Dr. W. Weizel, Bonn
Durch schnelle Funkenzusammenbrüche ausgelöste Signale auf einer Leitung
1956, 26 Seiten, 4 Abb., 3 Tabellen, DM 6,10

HEFT 267
Prof. Dr. W. Weizel und B. Brandt, Bonn
Zur Stabilität stromstarker Glimmentladungen
1956, 36 Seiten, 7 Abb., DM 8,40

HEFT 299
Dr. J. Fassbender und W. Hoppe, Bonn
Eine photoelektrische Nachlaufeinrichtung für Analogie-Rechenmaschinen
1956, 20 Seiten, 8 Abb., DM 7,65

HEFT 326
Prof. Dr.-Ing. E. Essers, Dr.-Ing. J. Essers und Dipl.-Ing. J. Klein, Aachen
Deichselkräfte an Lastzügen
1957, 96 Seiten, 34 Abb., DM 22,10

HEFT 329
Dipl.-Ing. A. Krüger, Karlsruhe und Feuerwehr-Ing. R. Radusch, Dortmund
Wasserzerstäubung im Strahlrohr
1956, 78 Seiten, 21 Abb., 3 Tabellen, DM 18,65

HEFT 330
Dr.-Ing. E. Pepping, Aachen
Die Durchflußzahl des Rechteckschlitzes in einer sehr großen Wand
1957, 54 Seiten, 21 Abb., DM 12,35

HEFT 332
Prof. Dr.-Ing. R. Jaeckel und Dr. G. Reich, Bonn
Messung von Dampfdrücken im Gebiet unter 10^{-2} Torr
1956, 34 Seiten, 16 Abb., 2 Tabellen, DM 10,40

HEFT 334
Prof. Dr. W. Weizel und Dr. G. Meister, Bonn
Spektralanalyse durch Messung des Interferenz-Kontrastes
1956, 42 Seiten, 8 Abb., DM 9,30

HEFT 335
Prof. Dr. W. Weizel und H. Hornberg, Bonn
Untersuchungen der anodischen Teile einer Glimmentladung
1957, 50 Seiten, 21 Abb., 19 Farbabb., 1 Tabelle DM 32,80

HEFT 341
Prof. Dr.-Ing. H. Winterhager und Dipl.-Ing. L. Werner, Aachen
Präzisions-Meßverfahren zur Bestimmung des elektrischen Leitvermögens geschmolzener Salze
1956, 44 Seiten, 19 Abb., 1 Tabelle, DM 10,60

HEFT 344
Prof. Dr.-Ing. W. Fucks, Aachen
Zur Deutung einfachster mathematischer Sprachcharakteristiken
1956, 38 Seiten, 12 Abb., DM 7,80

HEFT 356
Dipl.-Phys. G. Gurke, Aachen
Aufbau einer Meßanlage für Untersuchungen elektrischer Gasentladung im Bereiche großer p. d.-Werte
1956, 38 Seiten, 13 Abb., 1 Tabelle, DM 8,65

HEFT 357
Prof. Dr.-Ing. W. Fucks, Aachen
Mathematische Analyse der Formalstruktur von Musik
1958, 54 Seiten, 29 Abb., 16 Tabellen, DM 13,60

HEFT 361
Dipl.-Ing. H. F. Klein, Aachen
Die nichtstationären Strömungsvorgänge und der Wärmeübergang in einem Schwingfeuergerät
1957, 84 Seiten, 34 Abb., 4 Falttafeln, DM 25,90

HEFT 368
Prof. Dr. phil. H. Kaiser, Dortmund
Entwicklung betriebsmäßiger spektrochemischer Analysenverfahren für technische Gläser
1957, 40 Seiten, 11 Abb., DM 9,10

HEFT 369
Dipl.-Phys. F. J. Schittko, Bonn
Gasabgabe von Werkstoffen ins Vakuum
1957, 48 Seiten, 20 Abb., 6 Tabellen, DM 13,30

HEFT 375
Technischer Überwachungsverein e. V., Essen
Wanddickenmessungen mittels radioaktiver Strahlen und Zählrohrgerät
1958, 38 Seiten, 15 Abb., DM 9,55

HEFT 380
Dipl.-Phys. R. Trappenberg, Karlsruhe
Theoretische und experimentelle Untersuchungen zur Staubverteilung einer Rauchfahne
1957, 64 Seiten, 7 Abb., 18 Tabellen, DM 14,90

HEFT 386
Prof. Dr.-Ing. H. Opitz und Dipl.-Ing. O. Hake, Aachen
Standzeituntersuchungen und Verschleißmessungen mit radioaktiven Isotopen
1958, 36 Seiten, 33 Abb., 3 Tabellen, DM 12,75

HEFT 404
Prof. Dr. R. Jaeckel und Dipl.-Phys. F. Gross, Bonn
Die Löslichkeit von Gasen in schwerflüchtigen organischen Flüssigkeiten
1957, 46 Seiten, 17 Abb., 1 Tabelle, DM 11,50

HEFT 415
Prof. Dr.-Ing. W. Paul, Dr. rer. nat. O. Osberghaus und Dipl.-Phys. E. Fischer, Bonn
Ein Ionenkäfig
1958, 42 Seiten, 18 Abb., 2 Tabellen ,DM 13,65

HEFT 419
Dipl.-Ing. K. Brocks, Mülheim (Ruhr)
Die Messungen der Reflexionseigenschaften künstlicher und natürlicher Materialien mit quasi-optischen Methoden bei Mikrowellen
1957, 78 Seiten, 52 Abb., DM 20,35

HEFT 420
Dipl.-Ing. M. Vogel, Oberpfaffenhofen
Das Spektralgebiet zwischen dem langwelligen Ultrarot und Mikrowellen
1957, 56 Seiten, 2 Abb., DM 13,50

HEFT 432
Dipl.-Phys. Dr. R. Werz, Bonn
Die Entwicklung einer Synchrozyklotron-Ionenquelle
1958, 122 Seiten, 90 Abb., 1 Tabelle, DM 30,30

HEFT 439
Prof. Dr. phil. H. Lange, Köln, und Dr. rer. nat. R. Kohlhaas, Neuß a. Rhein
Anwendung der thermomagnetischen Analyse zum Studium des Umwandlungsverhaltens von Eisenwerkstoffen im Temperaturbereich von —150° C bis +1500° C
1958, 96 Seiten, 72 Abb., 2 Tabellen, DM 27,10

HEFT 443
Prof. Dr. phil. W. Weizel und K. Kluth, Bonn
Über die Struktur der positiven Gleitentladungen
1957, 44 Seiten, 30 Abb., DM 12,20

HEFT 450
Prof. Dr.-Ing. W. Paul, Bonn, und Dipl.-Phys. H. P. Reinhard, Mönchengladbach
Das elektrische Massenfilter als Isotopentrenner
1958, 56 Seiten, 20 Abb., DM 13,50

HEFT 459
Prof. Dr. phil. F. Wever, Dr. phil. O. Krisement und H. Schädler, Düsseldorf
Ein isothermes Mikrokalorimeter zur kinetischen Messung von Umwandlungs- und Ausscheidungsvorgängen in Legierungen
1957, 32 Seiten, 14 Abb., DM 10,75

HEFT 460
Prof. Dr. phil. F. Wever und Dr. rer. nat. B. Ilschner, Düsseldorf
Ein isothermes Lösungskalorimeter zur Bestimmung thermo-dynamischer Zustandsgrößen von Legierungen
1957, 32 Seiten, 7 Abb., 4 Tabellen, DM 10,40

HEFT 502
Prof. Dr. M. Diem und Dr. R. Trappenberg, Karlsruhe
Berechnung der Ausbreitung von Staub und Gas
1957, 18 Seiten Text und 67 z. T. großformatige zweifarbige Diagramme, DM 37,30

HEFT 504
Prof. Dr. phil. F. Wever, Dr. phil. W. Winke und Dr. rer. nat. W. Jellinghaus, Düsseldorf
Versuchsanordnung zur Messung der Suszeptibilität paramagnetischer Stoffe und Meßergebnisse an Nickel-Chrom- und Kobalt-Nickel-Chrom-Werkstoffen
1958, 38 Seiten, 10 Abb., 2 Tabellen, DM 9,95

HEFT 507
Prof. Dr. H. Kaiser, Dortmund, Dr. G. Bergmann, Dortmund, und Priv.-Doz. Dr. G. Kresze, Berlin
Kartei zur Dokumentation in der Molekülspektroskopie
1958, 34 Seiten, 3 Abb., 6 Tabellen, DM 11,90

HEFT 510
Prof. Dr. rer. nat. W. Groth, Dr.-Ing. K. Bayerle, Dr. rer. nat. H. Ihle, Dr. rer. nat. A. Murrenhoff, E. Nann und Dr. rer. nat. K. H. Welge, Bonn
Anreicherung der Uranisotope nach dem Gaszentrifugenverfahren
1958, 76 Seiten, 43 Abb., DM 21,20

HEFT 516
Prof. Dr.-Ing. H. Müller, Dipl.-Ing. F. Reinke und Dipl.-Ing. W. Sorgenicht, Essen
Gesamtstrahlungsmessungen der Temperaturstrahlung
1958, 82 Seiten, 18 Abb., DM 22,80

HEFT 519
Prof. Dr. phil. F. Wever, Dr. phil. W. Koch und Dr. phil. S. Eckhard, Düsseldorf
Die spektrographische Bestimmung der Spurenelemente in Stahl ohne vorherige Abbrennung
1958, 36 Seiten, 22 Abb., DM 12,60

HEFT 527
Dr. rer. nat. K. G. Müller, Hanau/W.
Wärmeübertragung auf eine Flugstaubströmung im senkrechten Rohr sowie auf eine durchströmte Schüttgutschicht
1958, 74 Seiten, 34 Abb., 7 Tabellen, DM 20,70

HEFT 537
Dr.-Ing. N. Gössl, Frankfurt a. M.
Probleme der Zugförderung im Zusammenhang mit der Ausnutzung der Atom-Energie
1958, 116 Seiten, 28 Abb., 12 Tabellen, DM 29,90

HEFT 548
Prof. Dr.-Ing. K. Leist und Dr.-Ing. J. Weber, Aachen
Spannungsoptische Untersuchungen von Turbinenscheiben mit angefrästen und eingesetzten Schaufeln
1958, 28 Seiten, 28 Abb., 4 Tabellen, DM 8,30

HEFT 549
Dr.-Ing. R. Merten, Duisburg
Resonanzanpassung bei einem Tiefpaß
1958, 22 Seiten, 16 Abb., DM 9,—

HEFT 550
Dr. H. Stephan, Bonn
Elektrisches Standhöhenmeßgerät für Flüssigkeiten
1958, 26 Seiten, 13 Abb., 2 Tabellen, DM 10,10

HEFT 551
Prof. Dr. phil. W. Weizel und Dipl.-Phys. B. Brandt, Bonn
Betriebsbedingungen einer stromstarken Glimmentladung
1958, 68 Seiten, 18 Abb., DM 16,—

HEFT 567
Dr. rer. nat. K. Sauerwein, Düsseldorf
Anwendungen radioaktiver Isotope in der Technik
1958, 74 Seiten, 33 Abb., 9 Tabellen, DM 19,60

HEFT 583
Prof. Dr. phil. F. Kirchner, Dipl.-Phys. H. Baron und Dipl.-Phys. H. Kirchner, Köln
Verwendbarkeit von Zählrohren zu massenspektrometrischen Untersuchungen
1958, 12 Seiten, 5 Abb., DM 6,70

HEFT 590
Übergabe des Synchro-Zyklotrons an das Institut für Strahlen- und Kernphysik der Universität Bonn am 8. Mai 1957
1958, 52 Seiten, 16 Abb., DM 16,50

HEFT 594
Prof. Dr. A. Nikuradse, München
Energieabsorption von Atomkernstrahlen in organischen Stoffen und durch sie hervorgerufene Reaktionsprozesse
1958, 56 Seiten, 13 Abb., 2 Tabellen, DM 15,10

HEFT 595
Prof. Dr. A. Nikuradse und Dipl.-Phys. K. Kugler, München
Einfluß der molekularen bzw. atomaren Beschaffenheit der Festwandoberflächenschicht auf die Wechselwirkung zwischen auftretenden Gasmolekülen und der Wand
1958, 16 Seiten, 9 Abb., DM 8,40

HEFT 608
Prof. Dr. habil. W. Linke und Dipl.-Ing. W. Hufschmidt, Aachen
Wärmeübergang bei pulsierender Strömung
1958, 30 Seiten, 18 Abb., DM 9,—

HEFT 615
Prof. Dr. W. Weizel und D. H. Whang, Bonn
Stromverteilung auf der Kathode einer Glimmentladung in Spalten bei hohen Drücken und abseits stehender Anode
1958, 28 Seiten, 16 Abb., DM 8,80

HEFT 616
Prof. Dr. W. Weizel und W. Ohlendorf, Bonn
Die Glimmentladung in spalartigen Entladungsräumen
1958, 38 Seiten, 18 Abb., DM 10,70

HEFT 622
Prof. Dr. W. Franz, Münster
Theorie der Elektronenbeweglichkeit in Halbleitern
1958, 40 Seiten, 9 Abb., DM 10,80

HEFT 642
Dr.-Ing. H.-J. Eckhardt, Essen
Die dielektrische Trocknung bei erniedrigtem Luftdruck mit Beiträgen zum physikalischen Verhalten der Mischkörper
1958, 66 Seiten, 24 Abb., DM 17,10

HEFT 643
Max-Planck-Institut für Silikatforschung, Würzburg
Spannungsmessungen an Schleifkörpern
1958, 38 Seiten, 22 Abb., DM 11,70

HEFT 651
Dr.-Ing. A. Eisenberg, Dortmund
Versuche zur Körperschalldämmung in Gebäuden
1958, 26 Seiten, 20 Abb., DM 8,10

HEFT 652
Dr. phil. nat. H. Haase, Hamburg
Infrarot - Bibliographie II
1959, 42 Seiten, DM 11,—

HEFT 653
Prof. Dr. K. Hamann und Dr. W. Funke, Stuttgart
Die Schutzwirkung organischer Inhibitoren in wäßriger Lösung gegenüber Eisen
1958, 72 Seiten, 31 Abb., DM 18,70

HEFT 656
Prof. Dr. E. Jenckel und Dr. H. Huhn, Aachen
Das Verkleben von Aluminium mit carboxylsubstituiarten Polystrolen
1958, 42 Seiten, 16 Abb., 3 Tabellen, DM 11,60

HEFT 657
Prof. Dr. W. Weizel und Dr. H. Herrmann, Bonn
Glimmentladungen an festen nichtmetallischen Elektroden
1959, 14 Seiten, 2 Abb., 1 Tabelle, DM 5,—

HEFT 662
Prof. Dr. phil. H. Lange und Dr. rer. nat. R. Kohlhaas, Köln
Über die Konstruktion von Laboratoriumsmagneten
2. Teil: Technische Ausführung verschiedener Magnettypen
1958, 30 Seiten, 20 Abb., 3 Tabellen, DM 9,80

HEFT 683
Prof. Dr.-Ing. R. Jaeckel und Dr. rer. nat. H. H. Kutscher, Bonn
Das Verhalten von Überschallströmungen bei Drücken unter 1 Torr
1959, 61 Seiten, 43 Abb., 12 Farbtafeln DIN A 4, DM 50,—

HEFT 684
Prof. Dr. sc. techn. F. Schultz-Grunow und Dr.-Ing. H. Hein, Aachen
Beiträge zur Grenzschichtströmung
1959, 66 Seiten, 49 Abb., 1 Tabelle, DM 19,—

HEFT 687
Prof. Dr. E. Kappler, Dr. H. Frinken und cand. phys. J. Vanheiden, Münster
Teil I: Das elastische Verhalten der Metalle beim Zugversuch im Bereich der plastischen Verformung.
Teil II: Untersuchungen über das elastische Verhalten metallischer Werkstoffe im Bereich der plastischen Verformung beim Brinellschen Kugeldruckversuch
1959, 56 Seiten, 42 Abb., DM 15,30

HEFT 696
Dr. rer. nat. H. Ehrenberg und Dipl.-Phys. H. J. Mürtz, Bonn
Massenspektrometrische Untersuchungen an Bleierzen
1959, 32 Seiten, 12 Abb., 2 Tabellen, DM 9,40

HEFT 717
Prof. Dr. W. Franz, Münster
Leitungsvorgänge in Halbleitern anisotroper Struktur
1959, 30 Seiten, 9 Abb., DM 8,80

HEFT 719
Prof. Dr. phil. H. Lange und Dr. rer. nat. W. Habbel, Köln
Das spannungsoptische Bild von Stoßwellen in der elastischen Halbebene in Abhängigkeit von der Stoßdauer und der Stoßgeschwindigkeit
1959, 52 Seiten, 46 Abb., DM 35,20

HEFT 724
Prof. Dr. G. Eckart, Dr. F. Gimmel, Th. Conrady und B. Scherer, Saarbrücken
Sonderfragen bei Breitband-Schlitzantennen
1959, 32 Seiten, 3 Abb., 4 Kurvenblätter, DM 9,40

HEFT 735
Dipl.-Ing. R. Lüttmann, Essen-Steele
Wärmeaustausch bei durch Anwendung von Sintermetallen verschiedenartig ausgeführten Wärmeübertragungsflächen
1959, 27 Seiten, 13 Abb., DM 8,80

HEFT 752
Prof. Dr. W. Weizel und Dipl.-Phys. Dr. H. Hornberg, Bonn
Glimmentladungssäulen ohne Wandeinflüsse
1959, 52 Seiten, DM 41,—

HEFT 753
Prof. Dr. E. Jenckel und Dipl.-Phys. K.-H. Illers, Aachen
Mechanische Relaxationserscheinungen in vernetztem und gequollenem Polystrol
1959, 92 Seiten, 49 Abb., DM 24,80

HEFT 759
Dr. C. Brunnée und Dr. L. Jenckel, Bremen
Untersuchungen und Verbesserung des Störuntergrundes im Massenspektrometer
1960, 59 Seiten, 36 Abb., DM 17,70

HEFT 760
Dipl.-Phys. B. Franzen, Prof. Dr.-Ing. W. Fucks und Prof. Dr. phil. G. Schmitz, Aachen
Vergleich von Korona- und Hitzdrahtanemometer durch Messung von Turbulenzspektren
1959, 70 Seiten, 49 Abb., DM 19,90

HEFT 779
Prof. Dr.-Ing. F. Eisele und Dipl.-Phys. D. Löbell
Untersuchungen der kennzeichnenden Eigenschaften von Meßuhren und Feinzeigern
1959, 106 Seiten, 67 Abb., DM 29,20

HEFT 797
Prof. Dr. phil. H. Lange und Dr. rer. nat. R. Kohlhaas, Köln
Über die wahre spezifische Wärme von Eisen, Nickel und Chrom bei hohen Temperaturen
1960, 115 Seiten, 38 Abb., 24 Tabellen, DM 31,20

HEFT 829
Dr. H. Strack, Bonn
Glimmentladung im Innern eines kathodischen Rohres
1960, 34 Seiten, 16 Abb., DM 10,30

HEFT 832
Prof. Dr. G. Ecker, D. Voslamber, Bonn
Die Impulsstreuungsmomente in kollektiven Gesamtheiten
1960, 49 Seiten, 4 Abb., DM 15,10

HEFT 836
H. Borchardt, Mülheim (Ruhr)
Physikalisch-technische Grundlagen der meteorologischen Anwendung von Radar nach Erfahrungen mit der Wetterradaranlage des Institutes für Mikrowellen in der Deutschen Versuchsanstalt für Luftfahrt e.V. Mülheim (Ruhr)
1960, 139 Seiten, 59 Abb., 5 Tabellen, 4 Tafeln, 5 Bildserien, DM 39,90

HEFT 853
Prof. Dr. W. Weizel und Dr. G. Albrecht, Bonn
Glimmentladungssäulen ohne Wand bei höheren Drücken
1960, 35 Seiten, 19 Abb., DM 19,90

HEFT 857
Prof. Dr. W. Weizel und Dipl.-Phys. F. Laube, Bonn
Schichten im Faradayschen Dunkelraum der Glimmentladung und elektrochemische Eigenschaften des Entladungsgases
1960, 72 Seiten, 47 Abb., DM 49,80

HEFT 862
Dipl.-Phys. Dr. W. Gerke, Bonn
Drehstromglimmentladung im Stickstoff
1960, 39 Seiten, 22 Abb., 2 Tabellen, DM 12,50

HEFT 871
Prof. Dr. W. Weizel und Dr. H. Herrmann, Köln
Betriebsbedingungen einer Glimmentladung in aggressiven Gasen
1960, 26 Seiten, 14 Abb., DM 14,—

HEFT 872
Prof. Dr. W. Weizel und Dr. H. Franke, Bonn
Untersuchungen an strömenden Stickstoffnachleuchtplasmen einer positiven Säule
1960, 53 Seiten, 24 Abb., DM 16,20

HEFT 904
Regierungsrat Dipl.-Ing. Otto Adam, Forschungsinstitut für Verfahrenstechnik an der Technischen Hochschule Aachen
Untersuchung über die Vorgänge in feststoffbeladenen Gasströmen
1960, 166 Seiten, 86 Abb., 3 Tabellen, DM 48,20

HEFT 926
Prof. Dr.-Ing. Helmut Wolf und Dr.-Ing. Siegfried Heitz, Institut für theoretische Geodäsie der Universität Bonn
Zeitliche Schwerkraft-Änderungen in ihrer Bedeutung für die praktische Gravimetrie
1961, 70 Seiten, 14 Abb., DM 20,20

HEFT 933
Dipl.-Ing. Klaus Stamm, Laboratorium für Ultraschall an der Technischen Hochschule Aachen
Die Vernebelung schmelzbarer Festkörper mit Ultraschall
1960, 24 Seiten, 21 Abb., DM 9,20

HEFT 944
Dipl.-Phys. Günter Waidmann, Gesellschaft zur Förderung der Glimmentladungsforschung e. V., Köln
Nitrierung dünner Stahlschichten mit Hilfe einer Glimmentladung
1961, 50 Seiten, 31 Abb., 2 Tabellen, DM 16,30

HEFT 975
Prof. Dr. A. Narath, Institut für angewandte Photochemie und Filmtechnik der Technischen Universität Berlin
Über die Herstellung von Kernspuremulsionen
1961, 36 Seiten, 10 Abb., 1 Tabelle, DM 11,50

HEFT 976
Dipl.-Phys. Horst Küppers, Institut für Theoretische Physik der Universität Köln
Die Untersuchung der Ausbreitung von Stoßwellen in Platten auf schlierenoptischem und spannungsoptischem Wege
1961, 62 Seiten, 77 Abb., 5 Tabellen, DM 44,60

HEFT 983
Prof. Dr.-Ing. Paul Hadlatsch, Aerodynamisches Institut, Aachen
Berechnung der Druckwellen in Brennstoffeinspritzsystemen und in hydraulischen Ventilsteureungen
1961, 108 Seiten, 31 Abb., DM 33,90

HEFT 985
Dr. Hans Strack, Gesellschaft zur Förderung der Glimmentladungsforschung e. V., Köln
Temperaturmessung in Glimmentladungen
1962, 44 Seiten, 18 Abb., DM 14,30

HEFT 986
Dr.-Ing. Jameel Ahmad Khan, Aerodynamisches Institut der Technischen Hochschule Aachen
Untersuchungen zur instationären Strömung durch unstetige Querschnittsänderungen in Druckleitungen von Einspritzsystemen
1961, 76 Seiten, 47 Abb., 1 Tabelle, DM 28,60

HEFT 987
Dr.-Ing. Wilhelm Bosch, Aerodynamisches Institut der Technischen Hochschule Aachen
Untersuchungen zur instationären reibenden Strömung in Druckleitungen von Einspritzsystemen
1961, 56 Seiten, 37 Abb., DM 20,—

HEFT 988
Dr.-Ing. Werner Wilhelm und Dipl.-Ing. Rudolf Jürgler, Aerodynamisches Institut der Technischen Hochschule Aachen
Nichtstationäre, eindimensionale und reibungsfreie Gasströmung schwach kompressibler Medien in Rohren mit einigen unstetigen Querschnittsänderungen
1961, 70 Seiten, 17 Abb., DM 21,50

HEFT 989
Dr.-Ing. Werner Wilhelm, Aerodynamisches Institut der Technischen Hochschule Aachen
Einfluß der Spülkanalabmessungen auf den Ladungswechsel kurbelkastengespülter Zweitakt-Motoren
1961, 99 Seiten, 37 Abb., 16 Tabellen, DM 35,30

HEFT 990
Dr.-Ing. Frieder Voigt, Aerodynamisches Institut der Technischen Hochschule Aachen
Vorgänge beim Start einer Überschallströmung
1961, 36 Seiten, 32 Seiten Bildanhang, DM 23,20

HEFT 991
Dipl.-Ing. Werner Preukschat, Aerodynamisches Institut der Technischen Hochschule Aachen
Beschreibung eines Druckmeßgerätes, das zur Messung geringer Druckschwankungen bei hohen Frequenzen geeignet ist
1961, 22 Seiten, 14 Abb., 2 Tabellen, DM 8,80

HEFT 1001
Dipl.-Phys. Dr. rer. nat. G. Langner, Institut für Elektronenmikroskopie an der Medizinischen Akademie Düsseldorf
Die Informationsübertragung bei der Mikroskopie mit Röntgenstrahlen
1961, 126 Seiten, 7 Abb., DM 37,—

HEFT 1013
Prof. Dr. phil. H. Lange und Dr. rer. nat. K. H. Schmidt, Köln
Theoretische und experimentelle Untersuchung der Strahlengeometrie bei Texturgonoimetern
1961, 120 Seiten, 52 Abb., DM 38,30

HEFT 1014
Prof. Dr. phil. H. Lange und Dr.-Ing. E. Müller, Institut für Theoretische Physik der Universität Köln
Verfahren zur Bestimmung der Gleich- und Wechselfeldmagnetisierung kleiner Proben. Untersuchungen im System der Nickel-Zink-Ferrite
1961, 90 Seiten, 20 Abb., 34 Tabellen, DM 37,20

HEFT 1034
Dipl.-Phys. Bernd Klüser, Institut für Theoretische Physik der Universität Bonn
Aufteilung der Entladungsenergie auf die Elektronen einer Glimmentladung
1961, 33 Seiten, 21 Abb., DM 12,60

HEFT 1038
Dipl.-Phys. H. Wichmann und Prof. Dr. phil. W. Weizel, Gesellschaft zur Förderung der Glimmentladungsforschung e. V., Institut Köln
Der Einfluß einer Glimmentladung auf die Permeation von Gasen durch Metalle
1961, 58 Seiten, 28 Abb., 11 Skizzen, 2 Tabellen, DM 22,80

HEFT 1062
Dr.-Ing. H. Pfeiffer, Aerodynamisches Institut der Technischen Hochschule Aachen
Strömungsuntersuchungen an Kreiszylindern bei hohen Geschwindigkeiten
1962, 74 Seiten, 53 Abb., DM 26,—

HEFT 1074

Prof. Dr. rer. techn. Fritz Reutter und Dr. rer. nat. Gerhard Patzelt, Institut für Geometrie und Praktische Mathematik der Rhein.-Westf. Technischen Hochschule Aachen

Mathematische Behandlung einer angenäherten quasilinearen Potentialgleichung der ebenen kompressiblen Strömung

1962, 87 Seiten, 15 Abb., 10 Tabellen, DM 53,—

HEFT 1080

Prof. Dr.-Ing. Ludolf Engel, Institut für Maschinenwesen und Elektrotechnik der Bergakademie Clausthal, Clausthal-Zellerfeld

Theorie der handgeführten schlagenden Druckluftwerkzeuge und experimentelle Untersuchungen insbesondere an Abbauhämmern im normalen und abnormalen Betrieb

1962, 86 Seiten, 53 Abb., 4 Tabellen, DM 39,—

HEFT 1098

Dr. Gerhard Albrecht und Prof. Dr. Günter Ecker, Institut für Theoretische Physik der Universität Bonn

Die positive Säule unter dem Einfluß negativer Ionen

1962, 21 Seiten, 5 Abb., DM 11,80

HEFT 1104

Dr. rer. nat. Rudolf Kohlhaas und Dipl.-Physiker Martin Braun, Institut für Theoretische Physik der Universität Köln Abteilung für Metallphysik, Köln

Die grundlegenden kalorimetrischen Auswertemethoden. Herleitung der thermodynamischen Funktionen des reinen Eisens auf Gund von Messungen an einem Eisen-Mangan-System nach dem Verfahren der verzögerten Mischkalorimetrie

1962, 110 Seiten, 29 Abb., zahlr. Tabellen, DM 59,—

HEFT 1105

Prof. Dr. phil. Heinrich Lange und Dr. rer. nat. Franz Josef In der Smitten, Institut für Theoretische Physik der Universität Köln, Abteilung für Metallphysik, Köln

Untersuchungen über das magnetische Verhalten dünner Schichten von -Fe_2O_3 bei kurzzeitiger Feldeinwirkung

1962, 68 Seiten, 29 Abb., DM 30,20

HEFT 1107

Paul Thomas, Institut für Theoretische Physik der Universität Bonn

Leuchtende Schichten im Faradayschen Dunkelraum der Glimmentladung in Brom-Argon-Gemischen

1962, 34 Seiten, 12 Abb., 8 Tabellen, DM 14,80

HEFT 1124

Prof. Dr. G. Ecker und cand. phys. W. Kröll, Dipl.-Phys. O. Zöller, Institut für Theoretische Physik der Universität Bonn

Fehlerabschätzung für Messungen mit magnetischen Sonden

1962, 24 Seiten, 8 Abb., 31 Tabellen, DM 12,—

HEFT 1144

Prof. Dr. phil. H. Bittel u. Dr. rer. nat. K. A. Hempel, Institut für angewandte Physik der Universität Münster

Untersuchungen zur ferrimagnetischen Resonanz an Ferriten bei 10 und 24 GHz

1963, 27 Seiten, 8 Abb., 3 Tabellen, DM 12,20

HEFT 1163

Prof. Dr. phil. Heinz Bittel, Institut für angewandte Physik der Universität Münster

Untersuchungen über das Rauschen strombelasteter Leiter

1963, 23 Seiten, 1 Abb., 3 Tabellen, DM 11,—

HEFT 1168

Dr. rer. nat. Dipl.-Chem. Max Friedrich, Forschungsstelle für Brandschutztechnik an der Technischen Hochschule Karlsruhe

Untersuchungen über das Verhalten und die Wirkungsweise verschiedener Trockenlöschmittel

1963, 53 Seiten, 22 Abb., 2 Tabellen, DM 24,80

HEFT 1175

Dipl.-Math. Klaus-Dieter Becker, Dr. rer. nat. Erhard Meister, Universität Saarbrücken

Beitrag zur Theorie des Strahlungsfeldes dielektrischer Antennen

1963, 43 Seiten, 4 Abb., DM 29,80

HEFT 1176

Dipl.-Phys. Alexander Wasiljeff, Universität Saarbrücken

Breitbandimpedanzstudien an Ringschlitzantennen im cm-Wellenbereich

In Vorbereitung

HEFT 1183

Prof. Dr.-Ing. Eduard Pestel, Institut für Mechanik der Technischen Hochschule Hannover, im Auftrage des Vereins Deutscher Ingenieure – Kommission Reinhaltung der Luft –

Strömungstechnische Untersuchungen von Staubniederschlagmeßgeräten

1963, 56 Seiten, 52 Abb., 6 Tabellen, DM 29,—

HEFT 1220

Dipl.-Phys. Walter Hermsen und Dr. phil. Friedrich Kuhn, Staatliches Materialprüfungsamt Nordrhein-Westfalen in Dortmund, Leiter: Prof. Dr.-Ing. habil. Wilhelm Bischof

Untersuchungen über die Verhinderung von Randüberstrahlungen in Röntgenbildern durch Vorfilterung der Röntgenstrahlen

HEFT 1221

Prof. Dr. G. Ecker und cand. phys. W. Kröll, Institut für theoretische Physik der Universität Bonn

Erniedrigung der Ionisierungsenergie in einem Plasma *1963, 29 Seiten, 2 Abb., DM 10,—*

HEFT 1270
Dr. G. Eckert-Reese, Forschungsinstitut der Gesellschaft zur Förderung der Glimmentladungsforschung e.V., Köln
Der Druckverbreiterungseffekt als Mittel zur Nachweisverbesserung bei der IR-spektrographischen Untersuchung von Gasen
In Vorbereitung

HEFT 1271
Dipl.-Ing. A. Steinegger, Forschungsinstitut der Gesellschaft zur Förderung der Glimmentladungsforschung e.V., Köln
Die systematische Erfassung von Versuchsergebnissen und Literaturstellen bei der Behandlung von Metalloberflächen
In Vorbereitung

HEFT 1293
Prof. Dr. phil. Heinrich Lange und Dr. rer. nat. Peter Janesch, Institut für theoretische Physik der Universität Köln
Die Magnetostriktion in Abhängigkeit von der Magnetisierung
In Vorbereitung

HEFT 1290
Dr. rer. nat. Wolf-Dietrich Meisel, Rheinisch-Westfälisches Institut für Instumentelle Mathematik, Bonn
Zur Simulation einer digitalen Integrieranlage mittels eines elektronischen Rechenautomaten
In Vorbereitung

Verzeichnisse der Forschungsberichte aus folgenden Gebieten können beim Verlag angefordert werden: Acetylen/Schweißtechnik – Arbeitswissenschaft – Bau/Steine/Erden – Bergbau – Biologie – Chemie – Eisenverarbeitende Industrie – Elektrotechnik/Optik – Energiewirtschaft – Fahrzeugbau/Gasmotoren – Farbe/Papier/Photographie – Fertigung – Funktechnik/Astronomie – Gaswirtschaft – Holzbearbeitung – Hüttenwesen/Werkstoffkunde – Kunststoffe – Luftfahrt/Flugwissenschaften – Luftreinhaltung – Maschinenbau – Mathematik – Medizin/Pharmakologie/NE-Metalle – Physik – Rationalisierung – Schall/Ultraschall – Schiffahrt – Textiltechnik/Faserforschung/Wäschereiforschung – Turbinen – Verkehr – Wirtschaftswissenschaft.

Springer Fachmedien Wiesbaden GmbH

GPSR Compliance
The European Union's (EU) General Product Safety Regulation (GPSR) is a set of rules that requires consumer products to be safe and our obligations to ensure this.

If you have any concerns about our products, you can contact us on

ProductSafety@springernature.com

In case Publisher is established outside the EU, the EU authorized representative is:

Springer Nature Customer Service Center GmbH
Europaplatz 3
69115 Heidelberg, Germany

www.ingramcontent.com/pod-product-compliance
Ingram Content Group UK Ltd.
Pitfield, Milton Keynes, MK11 3LW, UK
UKHW061659190726
13853UKWH00008B/2308

* 9 7 8 3 6 6 3 1 9 9 3 2 8 *